湿地的记忆
贯穿候鸟独特的一生!

了不起的候鸟驿站

官厅水库湿地探索手册

新生态工作室　主编

中国林业出版社
China Forestry Publishing House

图书在版编目（CIP）数据

了不起的候鸟驿站：官厅水库湿地探索手册 / 新生态工作室主编.--北京：中国林业出版社，2021.9

（"童眼看湿地"自然探索丛书）

ISBN 978-7-5219-0960-9

Ⅰ.①了… Ⅱ.①新… Ⅲ.①沼泽化地－延庆区－青少年读物 Ⅳ.①P942.137.8-49

中国版本图书馆CIP数据核字(2020)第264588号

专家顾问	雍怡
主　　编	王原、陈涛
副 主 编	陈凯伦、王圣杰
编　　委	刘懿、刘姝莹、李哲、王晓琪、周彬、钱芳、吴毅然、田吉云、刘晓霞、张翔、范锐
科学支持	周科、贾亦飞
插画设计	林悦、李洋
视觉装帧	成国强、何楚欣

策划与责任编辑	肖静、王远
出版发行	中国林业出版社（北京市西城区德内大街刘海胡同7号 100009）
电　　话	010-83143577
印　　刷	河北京平诚乾印刷有限公司
版　　次	2021年9月第1版
印　　次	2021年9月第1次
开　　本	787mm × 1092mm 1/16
印　　张	7.25
字　　数	70千字
定　　价	50.00元

未经许可，不得以任何方式复制或抄袭本书之部分或全部内容。
© 版权所有，侵权必究。

序言

阅读这本书的时候,不知道为什么,我总会想起鸟类环志这件事。所以,这篇序言,不妨就让我先从这里说起。

环志是鸟类研究者用来研究鸟类迁徙路线很重要的手段之一。研究人员把刻有特定编号的金属环等标记物套在水鸟的脚上,当鸟类途经不同的地点而被人记录到时,将不同的记录汇总到一起,收集关于鸟类的详细信息,比如,鸟的年龄,迁徙经过的日期,停留、繁殖或越冬的地点,等等。在科技日益发达的今天,如无线电和定位追踪器等遥测新技术也在逐渐应用到候鸟的研究中。然而,鸟类环志依然是全球范围内鸟类研究机构研究鸟类迁徙最为广泛和普遍的方式。

中国所属的东亚—澳大利西亚候鸟迁飞区承载着超过五千万只水鸟。无论是给鸟类佩戴环志,还是收集上面的信息,都远远不是几个人,甚至几家研究机构能够完成的工作。因此,从很久以前开始,鸟类迁徙研究就成为一个与公众尤其相关,需要很多人协作、在不同地点开展观察才能实现的工作。每年,仅仅在中国的东部沿海地区——这也是中国候鸟迁徙最为重要的路线——就有数以万计的观鸟爱好者观察记录着鸟类的环志信息和迁徙行为,他们是普通人、科研人员、保护区工作人员和志愿者等。候鸟迁徙的很多秘密,就是在这种数量众多而碎片化的信息中慢慢形成轮廓,从而让我们了解的。

为了汇聚这些信息,全球不同国家研究鸟类的机构共同建立了统一的网站,作为所有观察、提供环志信息的志愿者上传的平台。这个网站几乎每天、每个小时都有新的消息录入。这些信息在网站的首页更迭,它们提到的环志颜色各不相同,那意味着鸟儿是在不同国家的停留地配上的环志,每个环志上记录着对应这只鸟的编号信息。每条数据单独看或许单薄,但它会和其他适时的记录一起回到最早设置环志的研究者那里,最终变为一个看似模糊而实则具体的路线。我有时会想到,利用环志来研究鸟类迁徙,这背后有科学家的智慧、有志愿者的热情和支持、有人类对鸟类的热爱……除了这些,还有一种信念,那就是我们所有人共同去做一项事业并且坚信必有结果。

或许缘于这样的想法,让我觉得近年来的博物学热潮以及更多的博物出版物的出现特别重要。因为博物首先面向我们每一个人,它鼓励对自然万物的好奇,并从这种好奇和理解中激发你对自然的热爱。博物学或许不会让你成为某个生物或某类自然的专家,但它会埋下种子,这是对自然领域研究的未来特别重要的种子。它让研究者不再孤单,也让非研究者不再茫然。在博物学的视角下,世界浑然为一而生机勃勃。

回到"童眼看湿地"自然探索丛书的第三本《了不起的候鸟驿站——官厅水库湿地探索手册》,这本书讲述了官厅水库湿地的候鸟故事,生动而具体。这片位于北京不远的巨大库塘湿地,是北京的母亲河——永定河重要的一段。这里一年四季,迎来送往，成为众多候鸟迁徙途中停留甚至长期栖息的地方。如果你生活在北京或是中国的华北地区，这里面提到的很多鸟类或许你都曾在自己城市的上空遇见过。而这些候鸟故事的源头，或者说其中很重要一部分的源头，正是来自那些环志记录的讯息。这是多少人的热爱和辛苦转化出的故事，无论是候鸟的研究者、观鸟志愿者、湿地的保护人员，还是这本书的创作团队……这是作为生态研究者的我在阅读时倍感珍贵而感动的地方。

在我的阅读体验中，这本书还有一份独特之处，那就是"候鸟与湿地"——这并不是一本单纯讲述候鸟迁徙的博物书，它将候鸟与特定的场地相关联。你可以把它视作一段基于空间截取的候鸟旅程的片段，形形色色的候鸟在这里登场又离开，而书中丰富而妙趣横生的插画则将这些直观地呈现了出来。我特别想提醒读者留意本书插图中的背景，春夏秋冬、阴晴雨雪、山水树草……某种意义上，这些候鸟生活的官厅水库湿地是这本书的另一主角。在漫长的迁徙旅途中，鸟儿们为什么选择这里停留，读完这本书，你找到答案了吗？

中国科学院生态环境研究中心研究员

2021年8月

前言

　　候鸟迁徙，是自然界的奇迹。对于大多数候鸟来说，完成这一奇迹离不开湿地的"帮助"，因此湿地也被称为候鸟迁徙的"驿站"。作为《"童眼看湿地"自然探索丛书》的第三本，这一次我们借用候鸟的视角来认识一处湿地——官厅水库湿地。透过四季变迁的候鸟，我们一起去探索华北平原上最大的国家湿地公园——官厅水库国家湿地公园，以及它和候鸟之间的动人故事。

　　在这本《了不起的候鸟驿站——官厅水库湿地探索手册》中，我们选择以季节为线索，一是因为华北平原四季分明，官厅水库湿地也随之展现出典型的季节性特征和差异；其次，候鸟迁徙本身就是季节性现象，即使在相同的地方，不同季节中候鸟的种类、数量乃至生活习性都不尽相同。透过候鸟的视角，我们除了能看到不同季节中的官厅水库湿地，更将生动理解湿地被誉为候鸟迁徙驿站的真正内涵。

　　序章首先厘清了一些基本的概念：什么是候鸟？候鸟为何要迁徙？官厅水库湿地对候鸟为何重要？……理解这些问题，能帮助我们更好地阅读接下来的章节内容。"与官厅水库湿地相遇"，既是候鸟，也是作为读者的你与这片湿地的相遇。

　　接下来，我们将和候鸟们一起，开启官厅水库湿地的四季旅行。

　　"春之章"，当华北平原上的官厅水库湿地从严寒中醒来时，从南方越冬结束的候鸟也前仆后继地抵达这一季节的舞台——巨大的官厅水库。对于远道而来的候鸟而言，冰雪消融的水面上下充满食物的诱惑，它们务必在短暂停留的日子里抓住机遇，为接下来更漫长的飞行补足体力。

"夏之章"，我们将沿着官厅水库向上游移动，去认识一条古老的河流——永定河。永定河是官厅水库的重要水源，随着雨季的到来，河流水位时涨时落，这样的涨落为夏季在官厅水库湿地繁殖的候鸟营造出多样的栖息地。从繁茂生长的芦苇丛，到季节性形成的河漫滩湿地，隐藏着众多忙于哺育后代的鸟儿等你来发现。

"秋之章"，我们将再次见证官厅水库湿地作为候鸟迁徙驿站的魅力。寒冷到来之前，候鸟们如约在官厅水库湿地重逢，和春季的停留一样，这样的休整只是暂时的，在库塘、河流和稻田等湿地中补足能量后，它们将再次启程。秋季的湿地驿站，底色虽然略显萧瑟，但当你亲眼见到成千上万的候鸟如潮涌般飞越湿地上空时，必定对官厅水库湿地有一番新的理解。

"冬之章"，候鸟迁徙进入尾声。你也许认为，北方的冬天寒气逼人，官厅水库湿地的鸟儿应该已经"绝迹"了。的确，与春秋相比，冬天鸟儿的踪影确实少了，但依然有一些不迁徙的留鸟和迁徙时掉队的鸟儿在寒冬中活动。为了这些"特殊群体"，来自官厅水库国家湿地公园的护鸟人坚持日常的野外巡护和监测。在这一章中，我们也将认识这群默默为候鸟迁徙付出的人。

当我们遍览官厅水库湿地和候鸟之间的故事后，"尾声"章将视角拉回远古。那时候，官厅水库湿地还不是今日我们所见的面貌,但候鸟与这里的约定却早已年复一年地上演。也因此,我们借用了候鸟的眼睛,去重识脚下这片湿地,并思考一个永恒的命题——人类该如何与鸟类、湿地和大自然共生?

新生态工作室希望,当你翻开这本书时,能够被官厅水库湿地与候鸟之间的四季故事所吸引和打动。而当你合上这本书时,能够和我们一样,更加理解和热爱这片湿地和它上空翱翔的飞羽精灵,凭着这份热爱,一起来守护湿地、候鸟和我们的地球家园。

新生态工作室
2021年8月

目录

序言	6
前言	10

序章　与官厅水库湿地相遇　16

超乎想象的空中旅行	20
这里是官厅水库湿地	22
辽阔而多样的湿地	24
远道而来的十万过客	26
互动游戏	30

春之章　醒来的库塘湿地　32

北飞路上的湿地	36
春日的天鹅舞会	39
水库大食堂	40
海上来客	42
华丽的捕鱼大师	44
迁徙大部队	46
启程，北飞！	49
互动游戏	50

夏之章　水涨水落的永定河　52

雨季下的河流湿地	56
家在芦苇深处	58
浅滩上的长腿家族群像	62
鹭鸟大不同	66
寻找黑鹳的家	72
互动游戏	74

秋之章　燕山脚下的聚会　　　76

　　秋天的重逢　　　80
　　"大雁"南归　　　82
　　灰鹤群中的"新人"　　　85
　　"遗落之鸥"的故事　　　87
　　湿地上的猎场　　　88
　　互动游戏　　　90

冬之章　湿地驿站静悄悄　　　92

　　雪花飘落时　　　96
　　雪地留守者　　　98
　　看不见的湿地　　　102
　　护鸟的湿地人　　　105
　　互动游戏　　　106

尾声　湿地，约定之地　　　108

　　危险重重的旅途　　　110
　　候鸟见证湿地变迁　　　112
　　在高山和都市间共生　　　114

参考文献　　　116

序章
与官厅水库湿地相遇

从太平洋到北冰洋,
每年春秋,
候鸟在地球上空划出一道道弧线。
在这些看不见的弧线下,
湿地成为庇护这趟漫长旅行的驿站。
春暖花开,
秋去冬来,
湿地上的候鸟如期而至。
相遇的故事,
在官厅水库湿地年年上演。

你也许听说过"鸟类迁徙",它指的是许多鸟类不是某个地方的"常住民",每年会在相对固定的时间迁徙到其他地方,这些迁徙的鸟类被称为"候鸟"。但关于鸟类迁徙,你还知道更多吗?比如,鸟类为什么要迁徙?一只鸟能飞多远?鸟类如何获取迁徙过程中所需的能量?如果你对诸如此类的问题感到好奇,翻开接下来的章节,也许能找到部分答案。

根据科学家的研究,地球上空共有9大候鸟迁飞区,覆盖了地球大部分的海洋和陆地。其中,东亚—澳大利西亚候鸟迁飞区经过我国东部地区,与我们关系最为密切。本书所讲述的候鸟故事发生地——官厅水库湿地就位于这一迁飞区。

没有飞翔能力的我们,或许很难想象,一只鸟竟能跨越千山万水,从大洋洲飞到北极苔原。但无数的候鸟都做到了,且一年之内完成往返,风雨无阻。这史诗般的壮丽飞行背后,一处处鸟类迁徙的庇护所——湿地,起到了至关重要的作用。它们为候鸟的长途飞行提供充足的食物和停歇地,有些

序章 与官厅水库湿地相遇

甚至就是候鸟迁徙的目的地,因此,湿地被称为候鸟迁徙的"驿站"。官厅水库湿地,就是东亚—澳大利西亚候鸟迁飞区中数千个大大小小的候鸟驿站之一。它位于这一迁飞区的中间位置,凭借辽阔的湿地面积、多样的湿地类型和良好的湿地环境,每年"接待"近10万只候鸟。这些候鸟有的在此停留,补给充足后继续征程;有的以此为繁殖地,哺育后代;有的干脆选择在这里过冬,待春回大地后才北飞离开。

对于候鸟来说,每年春秋飞抵官厅水库湿地,就像它们与这片湿地之间的古老约定。无数次的相遇中,官厅水库湿地成就了它们的伟大旅程,而它们也将官厅水库湿地变成了一处了不起的候鸟驿站!

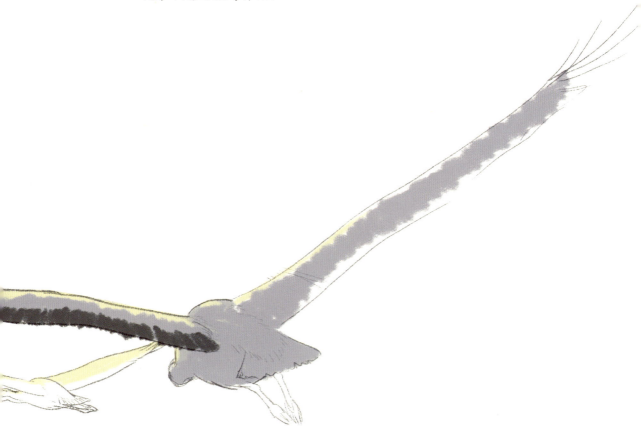

超乎想象的空中旅行

没有人知道候鸟的迁徙从何时开始,但这种惊人的能力俨然已成为候鸟的基因,它们所造就的壮举也早已成为我们星球生命力的一部分。每年春天,候鸟从南方出发,凭借一双翅膀跨越海洋、山脉、湖泊、城市和乡村,它们要飞越数百甚至数千千米去北方的营巢地繁衍后代,度过短暂的夏天后,重新起飞"折返",回到南方的越冬地过冬。待明年春天,这样的旅行又将开始,年复一年……

生活在地球上不同区域的候鸟,会沿着相对固定的路线迁徙,这些路线构成全球9大迁飞区,其中东亚—澳大利西亚迁飞区的候鸟种类和数量都极为丰富。这一迁飞区覆盖中国东部,北至北冰洋沿岸,南达澳大利亚和新西兰。每年,约5000万"空中旅客"在此南来北往,创造着飞行的奇迹。

从北半球的西伯利亚到南半球的大洋洲,
东亚—澳大利西亚迁飞区
覆盖了这颗星球超过16%的面积,
是最为重要的候鸟迁飞区之一。
如果你生活在中国的东部沿海地区,
春天或秋天,
当你抬头看见候鸟掠过时,
是否意识到这片无形的区域
与我们家园的关系呢?

序章　与官厅水库湿地相遇

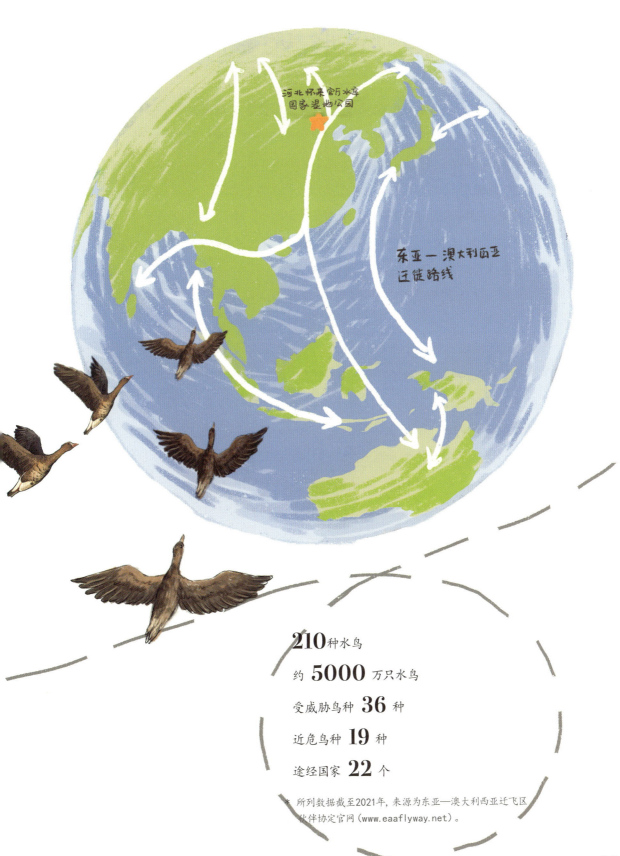

210 种水鸟

约 5000 万只水鸟

受威胁鸟种 36 种

近危鸟种 19 种

途经国家 22 个

* 所列数据截至2021年，来源为东亚—澳大利西亚迁飞区伙伴协定官网（www.eaaflyway.net）。

这里是官厅水库湿地

飞越几千千米,候鸟纤小的身板里蕴藏着多么不可思议的耐力和能量!但事实上,迁徙路线从来就不是一笔"画"成,将首尾两点确定好之后,候鸟会在中间"布下"其他的点,当这些点被串联起来时,一条完整的迁徙之路才诞生。这些点,就是候鸟们长途飞行时的休息点和补给站,最为常见且至关重要的是湿地。它们为候鸟们提供足够的食物和栖息地,支撑它们完成年度飞行计划。

在东亚—澳大利西亚迁飞区,有无数湿地驿站为候鸟们的迁徙提供服务,包括河流、湖泊、水库、沼泽、稻田和滨海滩涂等。北临燕山山脉,西倚太行山脉的官厅水库湿地便是其中一处。对于许多候鸟来说,官厅水库湿地是它们春天从湿润的季风气候区北飞进入到相对干旱的大陆性气候区最后一处大型的停歇地,在这里休整后它们将跨越高山,迎接更加严酷的飞行环境。秋季南迁路上,当官厅水库湿地再次出现时,意味着大面积的湖泊、流淌的大河和浪涌的海滩不日可达。除了过境鸟,有些候鸟也把官厅水库湿地当作繁殖地或越冬地,也就是迁徙的终点站。

2014年,以永定河和官厅水库为主体的官厅水库国家湿地公园成立了,这对于候鸟和湿地的保护意义重大。

湿地公园湿地率达 **96.61%**

序章　与官厅水库湿地相遇

想象你是一只迁徙的鸟，
每年秋天，当你从遥远的西伯利亚出发，
经过雪山、森林、沙漠和草原，
越过燕山山脉和长城后，
会看到一片三岔型的巨大湖泊，
这就是官厅水库湿地。

辽阔而多样的湿地

不同类型的候鸟会根据生活习性选择适合生存的环境,我们称之为生境或栖息地。所以,湿地生境的丰富与否,一定程度上决定了这里候鸟种类和数量的多寡。截至2019年,官厅水库湿地共记录到151种候鸟,除了大面积的库塘湿地生境,这里还有河流湿地、稻田湿地、森林等生境类型,为远道而来的候鸟们提供丰富多样的栖息地选择。

- 鱼塘
- 农田
- 浅滩
- 河流
- 湖泊

鱼塘中丰富的鱼类吸引鹭鸟在此出没觅食。

浅滩中丰富的底栖生物,吸引了黑翅长脚鹬等水鸟前来觅食。

序章　与官厅水库湿地相遇

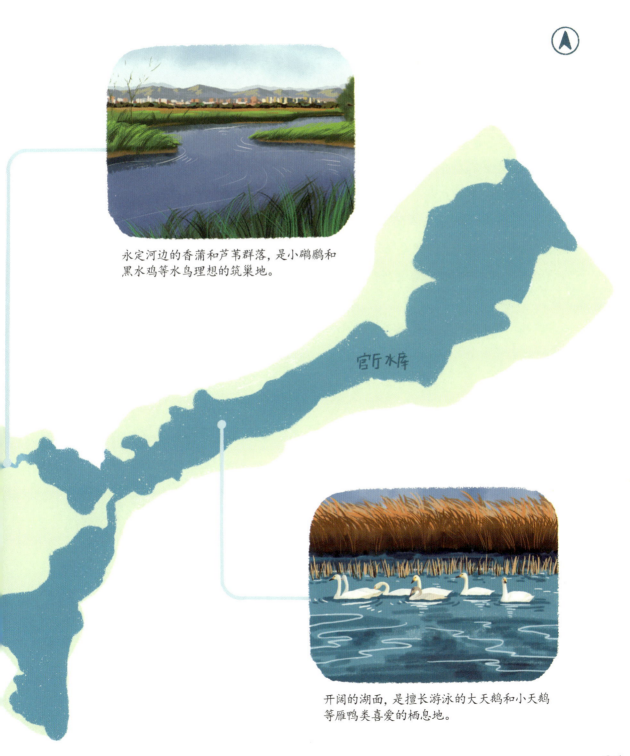

永定河边的香蒲和芦苇群落，是小䴙䴘和黑水鸡等水鸟理想的筑巢地。

开阔的湖面，是擅长游泳的大天鹅和小天鹅等雁鸭类喜爱的栖息地。

远道而来的十万过客

每年,约10万只候鸟飞临官厅水库湿地,它们来自地球的不同角落,有着不同的终点站,但怀揣的是相同的目的——为生存而迁徙。大部分候鸟在官厅水库湿地短暂相聚后,便"中转"离开。一年四季,这里飞羽不绝。

根据候鸟在某地的停留时间,可以将它们归为旅鸟、夏候鸟和冬候鸟等不同类型。以官厅水库湿地为例,那些迁徙时途经这里但不在此繁殖与越冬的候鸟,就属于这里的旅鸟。以此类推,夏候鸟指的是春夏迁来官厅水库湿地繁殖,秋季迁徙至其他地区越冬的鸟;冬候鸟则是秋季迁徙至此越冬,次年春季离开,迁徙至繁殖地的鸟。打开右页的官厅水库湿地月度鸟类图鉴,看看这里四季常见的候鸟都有哪些。

序章　与官厅水库湿地相遇

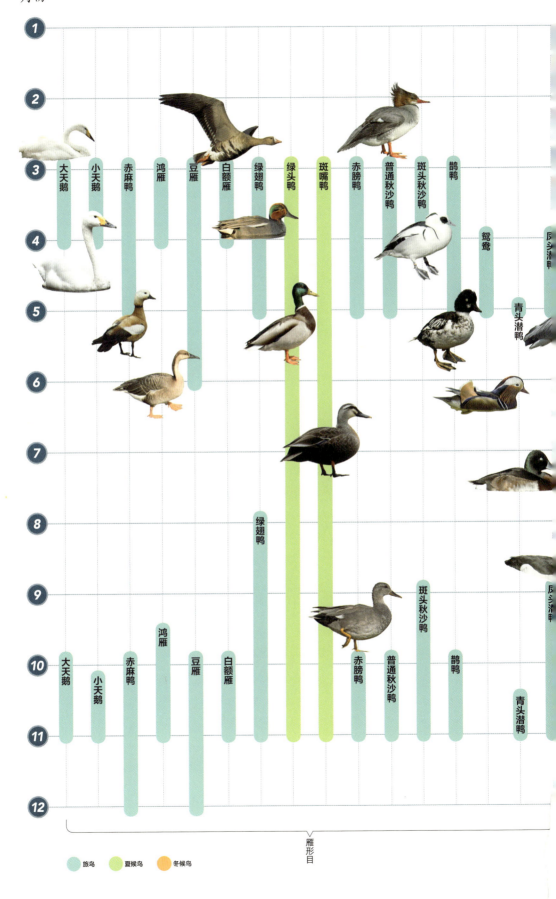

官厅水库湿地的候鸟种类丰富,
除了月度鸟类图鉴中提到的,
你还能在接下来的阅读中发现更多吗?

互动游戏

鸟类飞行的身体秘密

为了适应漫长的迁徙飞行,鸟类进化出一系列独特的身体特征。科学研究发现,鸟类身体的许多部位或器官都是它们飞行的加分项,其完美程度仿佛专为飞行量身定制。请你看看右页中鸟儿对这些身体部位或器官的"揭秘",并在下图涂上你喜欢的颜色,进一步加深对鸟儿飞行的认识吧!

序章　与官厅水库湿地相遇

复杂的心脏

"就身体比例而言,我们心脏体积的大小相当于人类心脏的4倍,为长途飞行提供充足的血液供应。"

强大的胃

"我们虽然没有牙齿,但胃分泌的胃酸和砂囊中的砂石会将食物磨碎,帮助快速消化食物并储存更多能量。"

神奇的肺

"我们的肺有多个气囊,这既提高了呼吸系统的效率,又减轻了肺的重量。"

发达的胸肌

"胸肌是我们飞行的动力,发达宽阔的胸骨突附着大量胸肌,能增强我们的飞行能力。"

春之章
醒来的
库塘湿地

呼啸了一冬的寒风终于力竭,
暖风开始吹向湿地,
冰封已久的湖面逐渐瓦解。
这是3月的官厅水库湿地,
枯黄和衰败正在被萌芽取代,
远方的客人即将如期而至。

每年3月，候鸟从南方向北方迁徙，当它们抵达官厅水库湿地上空时，冰雪消融中的官厅水库最先进入眼中。但对于大部分的候鸟来说，尽管这片湿地焕发出迷人的勃勃生机，却并非迁徙的终点站。春天的迁徙是一次充满使命感的飞行，只有准时甚至提前抵达北方的繁殖地，它们才能抢占到好的位置，在短暂的夏天完成繁殖后代的任务。这也是候鸟终其一生年年迁徙的重要原因。所以，此时来到这里的大部分候鸟，在获取足够的能量后将再次启程，飞向更遥远的北方。

春之章 醒来的库塘湿地

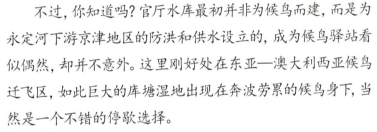

不过,你知道吗?官厅水库最初并非为候鸟而建,而是为永定河下游京津地区的防洪和供水设立的,成为候鸟驿站看似偶然,却并不意外。这里刚好处在东亚—澳大利西亚候鸟迁飞区,如此巨大的库塘湿地出现在奔波劳累的候鸟身下,当然是一个不错的停歇选择。

为什么候鸟们会选择官厅水库作为迁徙停靠的驿站?答案其实很简单——这里有水源、有食物、有躲避天敌(包括人类)的环境,特别是对于占据候鸟大部分类型的水鸟来说,离开水生存几乎是不可能的。当冰雪消融,湖水重新荡漾时,北飞的候鸟陆陆续续从南方赶来,降落在这片刚刚从冬天中苏醒过来的湿地。你会看到,成群结队的雁鸭类水鸟从空中扑进官厅水库,开始享受春天湿地上的盛宴;各种鸥类水鸟在湖面上翱翔,加入捕食的队伍;还有挺着长腿漫步在浅滩的鸻鹬类和鹭类……忙碌觅食的身影遍布湿地各处,一时间鸟鸣不绝,湿地的春天真的到来了!

北飞路上的湿地

早春的永定河中,一只大天鹅率先出现了。相对于那些在遥远南方越冬的候鸟,它的越冬地——山东荣成离官厅水库湿地更近,所以能在春天的迁徙中拔得头筹。这时的官厅水库湿地,冬天的景象还未褪去,旷野孤寂,植物衰败,这只大天鹅在缓缓流动的永定河中浮游,身体划过之处,浮冰发出裂开的细细声响。

当河流慢慢从它身后退去,一阵阵响亮而急促的"呼,呼"声从远处传来,它辨认出这熟悉的声音,从水面振翅起飞,循声而去。在永定河注入的地方,开阔的官厅水库中早已聚满了它的伙伴,还有队伍不断从空中加入。大天鹅的到来像是春天的特殊信号,在湿地上吹响春天的号角。

这片开阔的湿地为众多到来的候鸟提供了理想的栖息地。水岸边的芦苇形成天然的屏障,能减少人类的打扰。同时,看似枯萎的芦苇和水草在水面之下根茎交错,大量的植物种子和随着气温回升渐渐萌发出来的新芽为大天鹅和小天鹅等候鸟提供了丰富的食物,解冻的湖面还让它们能在水下寻找水生小动物补充营养。

春之章 醒来的库塘湿地

早春的官厅水库湖面上,
冰雪还未完全消融,
早归的大天鹅发出响亮而急促的"呼,呼"声,
像是呼唤湿地醒来的讯号。

大天鹅舒展它宽大而有力的翅膀,
向同伴发出讯息,
这是一种连打招呼都异常优雅的鸟类。

春之章 醒来的库塘湿地

春日的天鹅舞会

小天鹅的到来紧随其后。仔细观察，集群活动的小天鹅会表现出广泛的社会行为。起飞前，它们会先鸣叫，同时上扬头部，伸直颈部，再下摆头部并弯曲颈部，不断重复这样的动作并加快节奏——这是在召集家庭成员做好起飞准备。它们和大天鹅一起，活动在官厅水库北岸浅水至中部水域。一群群时而伸颈，时而振翅拍动水面，时而倒立觅食，时而高声鸣叫或低声轻唱，在官厅水库上演春日的天鹅舞会。

在官厅水库，
大天鹅和小天鹅常常混群栖息，
你知道除了体型差异，
还能如何分辨它们吗？

小天鹅嘴基部黄色仅限于嘴基两侧，不过鼻孔。

大天鹅嘴基部黄色延伸到鼻孔以下。

水库大食堂

长途飞行对候鸟的体力无疑是巨大的考验,因此充足的食物补充必不可少。对于雁鸭类等候鸟来说,开阔的水库水面可以让它们舒适自如地游泳休息,但更为要紧的是,从水上到水下,春天带来了丰盛的食物馈赠,能帮助它们快速恢复体力,再赶往下一站。

随着气温的上升,候鸟们可以从官厅水库中获取的食物越来越丰富!岸边刚冒出新芽的芦苇和香蒲,沉在水中的眼子菜、金鱼藻和狐尾藻,深受植食性鸟类的喜爱;鱼、虾、蟹、贝和刚从休眠中恢复的各种蠕虫,是肉食性和杂食性鸟类的盘中餐。这时候的官厅水库,俨然湿地上的大食堂,款待着越来越多远道而来的客人。

春之章 醒来的库塘湿地

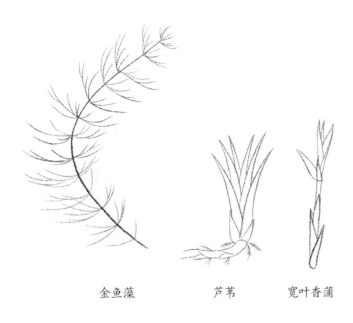

金鱼藻　　芦苇　　宽叶香蒲

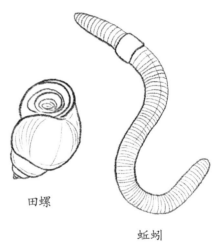

田螺　　蚯蚓

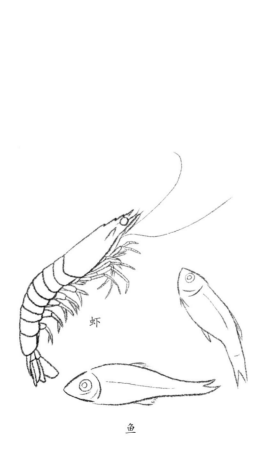

虾

鱼

海上来客

春天迁徙经过官厅水库湿地的候鸟中,还有我们熟悉的鸥。从鸟类分类学上看,鸥包含鸥类和燕鸥类等类别,它们广泛分布于全世界的海洋,是最为普遍的海鸟。

有些鸥的飞行距离很远,比如,越冬于中国南方甚至南半球的普通燕鸥,它们有的要跨越赤道,才能来到官厅水库湿地,飞行能力令人惊叹。

从3月开始,集群的鸥陆续来到官厅水库湿地,由于它们常通过鸣叫进行联络或发出警告,嘈杂的鸣叫声响彻湿地上空。此时的水库中,活跃的鸥包括红嘴鸥、棕头鸥、银鸥、须浮鸥和普通燕鸥,它们不停盘旋,展开迁徙过程中的捕食计划。这些捕食能手大多性情凶猛,从空中、水面和陆地都能获取食物,甚至还会从其他鸟类口中抢夺食物。短暂的相聚后,它们有的留在官厅水库湿地繁殖,有的向西飞往草原或沙漠,有的甚至要飞往遥远的北极地区。

春之章 醒来的库塘湿地

性情凶猛的红嘴鸥，
不仅抢夺同伴的食物，
有时连其他鸟类到嘴的食物也不放过。

红嘴鸥
Chroicocephalus ridibundus

普通燕鸥
Sterna hirundo

浮在水面休息的普通燕鸥，
将在4月迁徙至新疆、西藏或东北等地繁殖，
有些普通燕鸥的目的地是更远的西伯利亚地区。

华丽的捕鱼大师

我们很容易在春天的官厅水库看到集群活动的大天鹅、小天鹅和鸥等候鸟,但并非所有鸟类都这么大大方方地出现在人类面前。它们或单独活动,或生性怕人,总之,见到它们并不容易。普通翠鸟就属于这样的鸟儿。它身披华丽羽毛,整体呈亮蓝色,常独自停栖湖边的树枝、木桩或岩石上,一旦发现水下目标,立即掠过水面,一个猛子垂直扎至水下。几秒过后,亮蓝色的身体沾着水珠冲出水面,嘴里已叼着一条挣扎的小鱼。捕食技能卓越的普通翠鸟,被称为鸟类界的"捕鱼大师",英文名就叫common kingfisher。

普通翠鸟在全世界很多地方都属于留鸟,但冬天的官厅水库湿地全面冰封,依赖水域生存的它们无法在此过冬。你在春天见到的这些小不点,也许是刚刚从冬天仍有水域的周边地区(如北京)结束越冬前来的呢!

春之章　醒来的库塘湿地

普通翠鸟的身体近乎无声地扎入水中。
这种华丽的鸟类，
喜欢把巢筑在永定河岸比较隐蔽的地方。

迁徙大部队

春天一旦开始,一切生机的复苏仿佛都在转眼间完成。湖面已完全解冻,在轻风吹拂下泛起涟漪,来回拍打着湖岸泛绿的水草。湿地上空,候鸟的身影好像要将每一处空白填满。仔细观察,一些成群迁徙的候鸟会排成"一"字或"人"字的队形,整齐如训练过一般。雁鸭类就是这种"守秩序"鸟类的代表。

赤麻鸭
Tadorna ferruginea

绿头鸭
Anas platyrhynchos

春之章 醒来的库塘湿地

绿翅鸭
Anas crecca

凤头潜鸭
Aythya fuligula

斑嘴鸭
Anas zonorhyncha

雁鸭类是个大家族。天鹅类打开头阵后，规模浩大的雁类、潜鸭类、钻水鸭类和秋沙鸭类陆续到来，组成官厅水库湿地春季迁徙的大部队。它们长而尖的翅膀十分适合长途跋涉，发达的绒羽则如保暖外套，帮助它们抵御寒冷。

这时候的官厅水库,最为常见的雁鸭类包括赤麻鸭、赤膀鸭、绿头鸭、绿翅鸭和斑嘴鸭等。它们有一个共同的特性,即平时爱浮游在水库的浅水水域,觅食时身体前倾,有时甚至呈倒立状将头探入水中,只露出屁股部分,人们由此又给它们起了"钻水鸭"的称呼。

你知道这对倒立入水、
只露出屁股的绿头鸭在干什么吗?
联想一下"钻水鸭"这个称呼,
是不是"鸭"如其名?

春之章 醒来的库塘湿地

启程,北飞!

从3月到5月,官厅水库湿地就像一个候鸟"机场",来自南方的候鸟们如雪片般在这里降落又起飞,享受春天湿地的"招待"。对于那些年年至此的候鸟来说,与湿地的相遇,也是与暂别了一冬的老朋友们——那些栖身在官厅水库湿地的草木、鸟兽、虫鱼在熬过寒冬后迎来的又一次重逢。

时间到了5月底,官厅水库湿地的春季迁徙也接近尾声,有些候鸟会留在这里,比如,白鹭、黑翅长脚鹬、黑水鸡和凤头䴙䴘,它们将在官厅水库湿地张罗夏季的繁殖任务。但更多的候鸟的目的地还在北方,对它们来说,短暂停留的日子很快结束,必须尽快启程,赶在夏天到来之前抵达最终目的地。北方尽管比南方荒凉,但那里白天漫长,光线和食物丰富,并且拥有更安全的育雏环境,它们将在那里迎来下一代的诞生。

互动游戏
北归的目的地

鸟儿北归通常是为了繁育下一代。春天快要结束时，经过官厅水库湿地的大多数候鸟也已经或将要抵达它们在北方的繁殖地。根据以下鸟儿的叙述和地图上的插画，你能在地图上找到它们北飞的目的地吗？

目的地：北极圈

"我们又被称为'苔原天鹅'，因为我们要一直飞到北极圈附近的苔原带繁殖后代。"

小天鹅
Cygnus columbianus

目的地：北极苔原

"我们常被当作飞行强者的代表，因为春天从太平洋岛屿出发的我们，目的地是北极地区的苔原。"

金鸻
Pluvialis fulva

遗鸥
Ichthyaetus relictus

目的地：鄂尔多斯

"我们的部分繁殖地就在中国境内，内蒙古高原上的咸水或淡水湖是我们夏季的选择。"

春之章 醒来的库塘湿地

河北怀来官厅水库
国家湿地公园

夏之章
水涨水落的永定河

当夏季降临北半球时,
大部分候鸟已完成北飞之旅,
这时的官厅水库湿地显得有些寂寥。
但拨开雨季疯长的芦苇丛,
那些留下的鸟儿们,
正在创造夏日的湿地狂欢!

北半球的夏季被阳光和雨水长时间眷顾,季风带来的丰沛降水为自然界各种生命提供了充足的生长条件。这也是华北平原上的官厅水库湿地最热烈的季节,万物彻底告别蛰伏,进入生命的旺盛期。从水中到陆地,湿地植物蓬勃生长,它们贪婪地吸收阳光,为其他生命制造养料。昆虫日夜不息地鸣叫,从各个角落传出歌颂般的欢叫声。这些躁动的生命是很多鸟类的捕食目标。炎热的空气包裹着官厅水库湿地,这是色彩斑斓的湿地,生长的希望和阳光一样热烈。

鸟儿却似乎躲藏起来了。春天壮观的候鸟群飞场景已难见到,从迁徙的忙碌喧嚣中沉寂下来的湿地带着热烈,却也带着些许寂寥。原来,官厅水库湿地的候鸟以旅鸟为主,这意味着,大部分春季到来的候鸟在这里暂时休整后便继续迁徙,只有部分候鸟选择留在这里度过夏天。这些留在官厅水库湿地的候鸟,并非躲藏起来了,而是忙着繁殖下一代呢!

夏之章 水涨水落的永定河

　　它们在哪里呢？沿着官厅水库向上游进入一条古老的河流——永定河，夏季湿地的鸟类故事正在那里发生。雨水改变了永定河的面貌，春天时她还是一条纤细舒缓的河流，水涨后的她渐渐向两岸舒展，河面变得开阔起来。接纳了雨水浇灌的浅滩，成为鹭类和䴙䴘类等水鸟的觅食地和栖息地。芦苇和香蒲像挺拔的卫士密布在河流浅水区，游禽们在其中穿梭自如。不久，在茂盛的植物中将诞生出一个个鸟儿新生命。

雨季下的河流湿地

永定河自西北向东南流入官厅水库，虽然和体量巨大的水库相比并不起眼，但这条河流却是官厅水库的重要水源。夏季的华北平原，一场场突如其来的暴雨，为湿地带来一年中最丰沛的水量；涨水后的永定河，浩浩汤汤，颇有大河之相。

水漫过河流两岸，造就一片片季节性的河漫滩湿地。原本干涸的土地吸足了水分，生命的迹象在这新鲜的湿地上不断涌现。芦苇和香蒲等挺水植物密集生长，仿佛要在永定河边筑起围墙。那些漂浮在水面的水生植物迅速繁衍——只要有水，它们就能生长。看不见的水下，鱼、虾、蟹等水生动物也发现了浅水区的新世界，纷纷前来。生机勃勃的河漫滩湿地上，鸟儿登场了。

夏之章 水涨水落的永定河

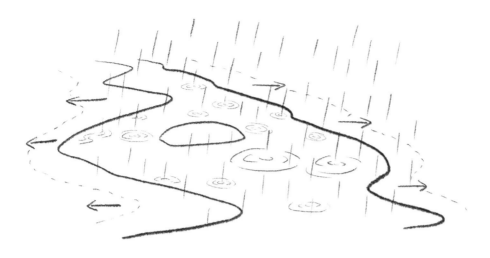

暴雨过后,永定河边形成了类似沼泽地的季节性浅滩湿地。

浅滩上芦苇和香蒲茁壮生长,为部分候鸟的繁殖提供隐秘的环境。

水下热闹非凡,这些隐秘的生机把鸟儿吸引了过来。

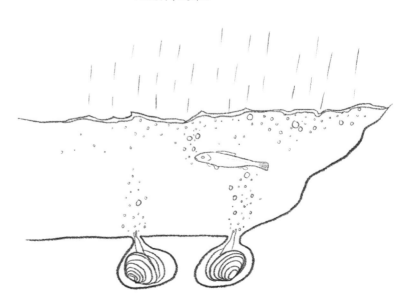

家在芦苇深处

"小鸭子"们是夏季永定河的常客。它们喜欢三三两两游荡,穿行于浓密低矮的植物丛中,一有动静,就潜入水下避险。这些"小鸭子",可不是我们春天在官厅水库上见到的雁鸭类,而是䴙䴘类中的小䴙䴘或凤头䴙䴘,是最为常见的湿地鸟类。它们忙着在繁茂的芦苇、香蒲间筑造爱巢,为接下来的繁殖任务做好准备。

凤头䴙䴘和小䴙䴘的体型一大一小,
前者几乎比后者大一倍。
除了体型差异,
你还能发现它们之间更多不同之处吗?

夏之章 水涨水落的永定河

59

凤头䴙䴘繁殖记

求偶

繁殖季的雄鸟会换上帅气的"新衣"（繁殖羽），在水面上卖力表演来获取雌鸟的芳心。

夏之章 水涨水落的永定河

筑巢和繁殖

配对成功后,雌鸟和雄鸟会衔着水草开始共同建造孵化幼鸟的爱巢。

育雏

经过20～25天的孵化期,小凤头䴙䴘破壳而出,并很快就能下水和亲鸟学习"水上功夫"。

浅滩上的长腿家族群像

炎热的夏天,抬头已看不到春季那种铺天盖地的迁徙景象了。不过,仍有一些夏季的鸟类居民在此时装点着湿地的上空,比如,黑翅长脚鹬。这是令人过目不忘的美丽水鸟——黑白分明的羽色,又尖又细的喙部,还有那对长度超过身体高度的粉色细长腿。飞行时,它们将蹬直的长腿拖在尾后,降落在河流、农田等浅水湿地后,随即用探针一般的长喙在水中搜寻食物。

黑翅长脚鹬娇小玲珑,生存能力却一点也不弱。它们能利用各种人工水体生活,浅水区的水生动物和植物都是它们的食物,有时还能游到深水处觅食呢。和䴙䴘类隐秘的水上巢相比,它们的筑巢行为便显得有些大大咧咧——用芦苇等植物茎叶简单铺就的巢就搭在水边沼泽、草地或浅滩上。所以,夏季在永定河边若看到它们的巢,千万别去移动,更不要拿走其中的鸟蛋哦!

> 黑翅长脚鹬
> 像是举止优雅的鸟类模特,
> 它的脚上没有蹼,
> 在浅水区行走时
> 几乎不发出一点声音。

夏之章 水涨水落的永定河

63

在官厅水库湿地，和黑翅长脚鹬同属鸻鹬类的候鸟还有很多，如反嘴鹬、黑尾塍鹬、金鸻、矶鹬、环颈鸻等，它们的共同特征是拥有一双细长腿，不过长度不一，这在一定程度上帮助它们占据浅滩上不同的位置，减少觅食竞争。

不过，你可能很难在夏季的永定河边见到上述这些鸻鹬类水鸟。因为除了黑翅长脚鹬，大部分的鸻鹬类早在春天时就飞往蒙古、西伯利亚甚至是北极苔原地区了，此刻它们正在那里繁衍下一代呢！

环颈鸻
Charadrius alexandrinus

矶鹬
Actitis hypoleucos

金鸻
Pluvialis fulva

夏之章 水涨水落的永定河

黑尾塍鹬
Limosa limosa

反嘴鹬
Recurvirostra avosetta

鹭鸟大不同

　　清晨的永定河边,一阵阵"呱—呱—"声穿透河面的雾气,朦胧间能看到河对岸浅滩上群鸟如雪片般起起落落。等到天空完全破晓,这些白色的大鸟才显露真身——原来是一群白鹭在抢食!

　　说起白鹭,你也许并不陌生,在官厅水库湿地的水库、河流、鱼塘、稻田等各种水域,都能见到它们。但并不是所有白色鹭鸟都叫"白鹭",我们通常说的白鹭是指小白鹭,同样身披洁白羽毛的还有中白鹭和大白鹭,有时它们也会混群活动。

　　进入繁殖期,白鹭的头顶会长出两根长长的辫状饰羽,这是将它们和中白鹭、大白鹭区分的显著特征。当然,黄色的脚趾也是辨认它们的直接方式。

以小鱼、小虾等为主食的鹭类,
从早到晚,
忙碌的身影出现在湿地的各处水域。
走,到河边去,
看它们上演精彩的湿地捕食记!

夏之章　水涨水落的永定河

"浑水摸鱼"的白鹭

在浅滩缓慢行走的白鹭其实是在寻找食物,一旦发现水里有动静,它们会用一只脚搅混水域,使躲藏的鱼、虾晕头转向,随后尖锐的喙直击目标,成功地"浑水摸鱼"。

夜色中的捕鱼者

每到晨昏和夜间时刻,夜行性鹭鸟——夜鹭会从水库及河流边的灌丛或树林中飞出,在水库、河流、浅滩等处开始觅食。利用强大的夜视能力,夜鹭搜索着夜色中的猎物。

夏之章 水涨水落的永定河

"守株待兔"的苍鹭

苍鹭捕食的诀窍在于一个"等"字。为了顺利觅食,它们会长时间站着不动,锐利的眼睛紧盯水面,等候鱼群到来,一旦目标出现,立刻伸颈啄食,行动灵活敏捷。

了不起的候鸟驿站 —— 官厅水库湿地探索手册

夏之章 水涨水落的永定河

另类的白琵鹭

夏季的永定河浅滩,有时还会出现一种长相奇特的白色"鹭鸟"——又直又长的喙端部膨大,看起来像一把琵琶。它们不但看起来奇特,连觅食的方式也与众不同。只见它们边在浅滩行走,边张开喙部在水中扫动,碰到猎物时迅速夹出食用。

这些鸟儿叫白琵鹭,它们的数量远远少于常见的白鹭等鹭鸟,是国家二级重点保护野生动物。在永定河边遇到它们,真是既难得又幸运啊!

寻找黑鹳的家

　　这个季节,还有一种珍稀鸟类会和白琵鹭一同出现在永定河边,那就是国家一级重点保护野生动物黑鹳。黑鹳生性警惕,它们将巢筑在山地高耸的悬崖峭壁凹处或是石沿的浅洞里,以躲避天敌的干扰。经过很长时间的监测,科考人员才在官厅水库湿地周边山地发现黑鹳的巢。

　　官厅水库周边的山地条件为黑鹳提供了隐秘的环境,而夏季时丰富且安全的觅食环境则为它们哺育幼鸟提供了便利。每年3～4月,黑鹳便会飞临永定河边。2018年10月,科考人员在永定河边惊喜地发现26只黑鹳,这是自2013年以来第一次在此发现成群的黑鹳。

1对黑鹳每年只繁殖1窝,产卵4～5枚。
在亲鸟的悉心孵化下,
约1个月后小黑鹳们就破壳而出了。

夏之章　水涨水落的永定河

互动游戏

幼鸟寻家记

夏天是鸟类繁殖的季节,常见的小䴙䴘、黑水鸡和黑翅长脚鹬都会在官厅水库湿地筑巢繁衍后代。这几种鸟儿通常都选择在水面或水边筑巢,你能否根据鸟儿妈妈的介绍,帮助幼鸟们找到它们的家?

小䴙䴘

"我们通常选择远离岸边、附近有水生植物的开阔水域筑巢,这样既方便直接取用水生植物做巢材,也能减少人类的打扰。"

黑水鸡

"细枝、芦苇和花穗都是我们筑巢的材料,完工后的碟形巢有时漂浮于水面,有时也悬挂在芦苇或香蒲秆间。"

黑翅长脚鹬

"我们就在经常活动的区域筑巢,比如,湖边沼泽地、草地、湖中露出水面的浅滩,这样觅食、育儿两不误。"

夏之章 水涨水落的永定河

75

秋之章
燕山脚下的聚会

北方的夏天短暂易逝，
但又恰好长到
候鸟们可以完成下一代的繁衍。
当太阳直射点慢慢南移，
候鸟也追随着阳光的脚步，
奔赴地球的另一端——
秋天的迁徙开始了！

我们很难知道哪只候鸟最先意识到冷暖交替的到来,并率先起飞南迁。但随着北半球的寒冷日渐加深,地球上空的鸟类航道再度开启,群体性的候鸟迁徙在不知不觉中又开始了。秋季的飞行,既为了躲避寒流,也为了追逐暖阳,只有在祖祖辈辈约定好的时间里抵达约定好的目的地,生存的机会才能最大化。

和春季的迁徙相比,秋天的这场飞行多了些新面孔——那些几个月前才从北方各地破壳而出的新生命,也加入其中。它们有的紧跟亲鸟,有的独自上路,出于本能或生存的需要,它们必须开始这趟看起来不可能完成的旅途。这既是一次严酷的生死考验,也是一次无法逃脱的成年仪式。

秋之章 燕山脚下的聚会

顺利的话，南迁的候鸟们将在9月下旬陆续抵达官厅水库湿地。一直到初冬，起飞与降落，到来与离去是这片湿地的日常。这趟被寒冷追赶的旅途风尘仆仆，从北极、西伯利亚、蒙古高原和中国东北、西北等地飞来的候鸟们，竭力越过太行山脉和燕山山脉的阻碍，当熟悉的水库、河流和农田再次进入视野，它们仿佛获得了降落的许可，一头扎进湿地的怀抱。暂时的休憩和停留使官厅水库湿地再次忙碌和热闹起来。

鸻鹬类、雁鸭类、鸥类和鹤类，陆续乘着北风而来，它们必须迅速展开觅食行动。湖面上、河流中、农田里，熟悉的场景就像几个月前的春季里发生的一样。不同的是，寒冷的脚步持续逼近，强风从内蒙古高原和黄土高原不断吹袭这片地势低洼的湿地，休整完毕的候鸟，将从这里乘着上升气流飞向温暖的南方。

秋天的重逢

"先来后到"抵官厅

9月上旬

反嘴鹬
Recurvirostra

金鸻
Pluvialis ful

10月上旬

小天鹅
Cygnus colum

前锋队伍鸻鹬类往往最先抵达秋天的燕山脚下，它们是迁徙距离最长的鸟类，来得早也走得早，毕竟从这里到太平洋地区的越冬地还长路漫漫。随着大天鹅、小天鹅、鸿雁、赤麻鸭等雁鸭类潮水般涌来，迁徙的高潮出现了。风声裹挟着鸟鸣声和翅膀扇动声，回荡在燕山脚下的湿地，反反复复，日夜不息。忙碌、壮阔、喧闹、欢腾，除了赶路的声息，也许还带有顺利重逢的喜悦。

秋之章　燕山脚下的聚会

9月中旬

鸿雁
Anser cygnoides

绿头鸭
Anas platyrhynchos

9月下旬

大天鹅
Cygnus cygnus

赤麻鸭
Tadorna ferruginea

10月中旬

青头潜鸭
Aythya baeri

10月下旬

中华秋沙鸭
Mergus squamatus

11月上旬

灰鹤
Grus grus

"大雁"南归

"千里黄云白日曛,北风吹雁雪纷纷""木落雁南度,北风江上寒",在古诗中,"大雁"化身秋天的使者,成为季节变化的象征。不过,"大雁"并不是某种候鸟的名字,而是鸿雁的俗称。9月中旬开始,官厅水库湿地上空不断迎来一队队"人"字形或"一"字形雁阵,随后落入湿地的各个角落。

雁类以植物的根、茎、叶为主食。
初秋的湿地上植被还未完全枯萎,
但随着天气转冷,
水域中可取食的植物越来越少,
雁类也会前往湿地边的农田和草地觅食,
散落的谷物和草籽经常成为它们的目标。

秋之章 燕山脚下的聚会

白额雁更多地选择水库边或河边的滩涂为觅食地,不过秋季收割后的农田也会吸引它们前来。

秋冬季节,鸿雁上岸来到农田觅食。这在官厅水库湿地很常见。

了不起的候鸟驿站 —— 官厅水库湿地探索手册

秋之章 燕山脚下的聚会

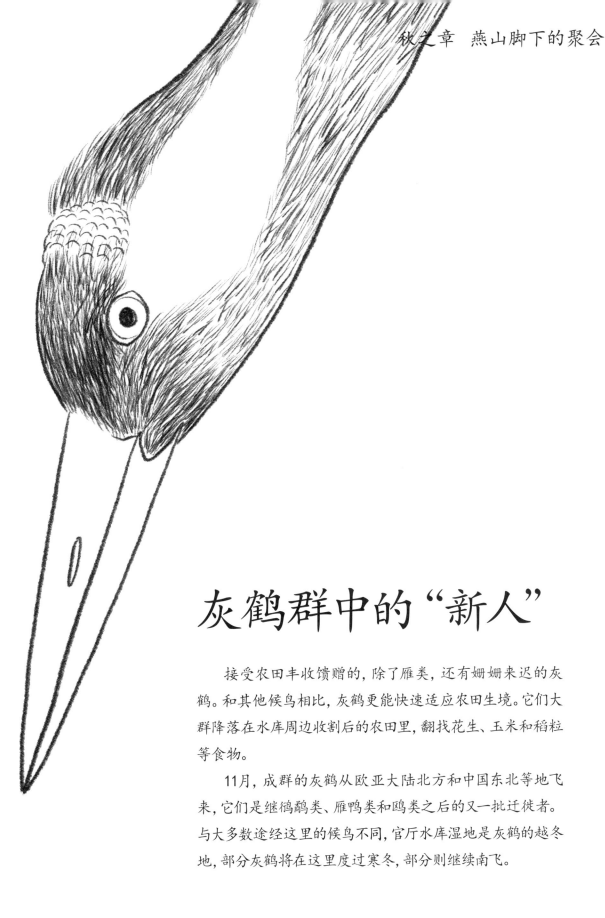

灰鹤群中的"新人"

接受农田丰收馈赠的，除了雁类，还有姗姗来迟的灰鹤。和其他候鸟相比，灰鹤更能快速适应农田生境。它们大群降落在水库周边收割后的农田里，翻找花生、玉米和稻粒等食物。

11月，成群的灰鹤从欧亚大陆北方和中国东北等地飞来，它们是继鸻鹬类、雁鸭类和鸥类之后的又一批迁徙者。与大多数途经这里的候鸟不同，官厅水库湿地是灰鹤的越冬地，部分灰鹤将在这里度过寒冬，部分则继续南飞。

在官厅水库湿地，灰鹤经常成百只一起活动，场面极为壮观。但它们性情机警，胆小怕人，觅食和栖息时常由个别"哨兵鹤"担任警戒任务，一旦发现危险，"哨兵鹤"立刻长鸣并振翅飞翔，其他灰鹤也跟着齐声长鸣，振翅而飞。

灰鹤家庭是相亲相爱的模范家庭代表。
在繁殖地，
雌鸟和雄鸟轮流孵卵，直到幼鸟破壳。
到了迁徙季，
灰鹤"携家带口"，共同踏上南迁之路。
一路上，
亲鸟会对这些刚出生3~4个月的幼鸟细心照看，
帮助它们完成第一次长途旅行。

秋之章 燕山脚下的聚会

"遗落之鸥"的故事

遗鸥来到官厅水库湿地并不像其他候鸟般守时和固定，在浩浩荡荡的迁徙队伍中，它们显得有些遗世独立。从监测数据看，它们有些年份被记录到，有些年份却突然缺席。这种黑白两色的鸟类，如同它们的名字"遗落之鸥"一般充满了神秘感，成为到访官厅水库湿地最为特别的候鸟之一。

黑色的头罩，白色的眼圈，暗红色的喙和双脚，这种容易和红嘴鸥混淆的鸥类，直到1972年才正式进入人类的视野。它们对栖息环境要求较高，夏季在内蒙古高原、陕西红碱淖和张家口坝上等地的咸水湖或碱水湖繁殖，秋季开始迁徙。来到官厅水库湿地的遗鸥，将前往环渤海湾等湿地过冬。

由于栖息地被破坏等原因，目前中国境内的遗鸥仅4000多对*，而它们的主要越冬地环渤海湾地区也面临着填海造陆、工业开发、滩涂湿地消失等危机。如何让这种曾经遗落的濒危鸟类不再遗失，需要我们付诸思考和行动。

* 所列数据截至2021年，来源为湿地国际官网（www.wetlands.org）。

湿地上的猎场

秋收的季节,忙碌的不只是候鸟。在官厅水库湿地边的农田、草场和森林中,不迁徙的小动物们也趁着丰收季开始囤粮,为寒冬做足准备。

四处奔跑的田鼠和草兔最容易成为肉食者的目标。隐藏在灌丛、树洞和土穴中的黄鼠狼和赤狐对它们虎视眈眈,正静待猛烈出击的时机。就算能躲过地面的突袭,来自空中的捕猎者——金雕、红隼、游隼等猛禽,也不会给它们喘息的机会。

生死竞争是惨烈的,但正因不同的动植物承担着生产者、消费者和分解者的角色,才实现了自然界能量和物质的流动,共同维持着生态系统的平衡。

秋之章　燕山脚下的聚会

互动游戏
做个观鸟达人

秋天的官厅水库湿地是观鸟爱好者的天堂。不过,成为一名观鸟达人并不简单,最为基础的本领之一是能通过鸟的轮廓辨认鸟类。根据以下鸟儿的基本特征描述,尝试为它们"对号入座"。

灰鹤
"腿长、颈长和喙长,'三长'是我们灰鹤家族的共同特点。"

黑翅长脚鹬
"要说我们令人过目不忘之处,自然是那双超过身体高度的细长腿了。"

白鹭
"飞行的时候,我们将长颈缩成'S'形,长腿伸直,常常被人类夸奖姿态优雅。"

秋之章 燕山脚下的聚会

冬之章
湿地驿站静悄悄

迁徙的歌声渐远,
直到湿地被深厚的积雪覆盖。
远山、湖泊、河流、天空,
疾风不息,
白色蔓延。
湿地在茫茫的白雪中沉睡,
充满希望地,
等待泥土再次松软,
等待候鸟回归将它唤醒。

了不起的候鸟驿站 —— 官厅水库湿地探索手册

　　白日短促，冬天降临，候鸟返回南方的征途已接近尾声。酷寒下的湿地，冰封的河流和水库延伸到地平线，满眼尽是萧瑟荒芜。这是冬天的官厅水库湿地，如同华北平原的所有地区一样寒冷，凛冽的空气将一切冻住，湿地仿佛失去了生命的迹象，只有风雪持续肆虐。

　　但事实并不如此！严寒之下生机依然存在——冰层下潺潺的流水，芦苇丛中叽叽喳喳的麻雀，林下路边忙碌觅食的喜鹊，还有在此越冬的灰鹤群……这些接受寒冬挑战的生命，为生机匮乏的冬日湿地带来难得的活泼气息。它们有着相同的信念：找寻充足的食物，挨过这段艰难的日子。

94

冬之章 湿地驿站静悄悄

这样的日子,和它们共同度过的,还有守护它们的湿地人。人类伙伴并不是在冬天才出现,只是冬日的寂静,让他们忙碌的身影更加明显。越是寒冷的日子,他们的心越被牵动着。湖面是否已完全结冰?还有多少候鸟没有离去?今天和昨天的鸟类记录差异在哪?越冬的候鸟食物是否充足?……静悄悄的湿地驿站,背后有着默默地关注和守护。

从春天迎来北飞候鸟,到夏候鸟的繁殖,再到秋天送别南迁候鸟,官厅水库湿地——这个候鸟万里行的无数驿站之一,终于在冬天按下了忙碌的暂停键。湿地冰封,旷野茫茫,它将和留在这里的其他生命一起,直面漫长的严寒,静待冰雪世界的融化和新的归来。

雪花飘落时

规模庞大的赤麻鸭群停栖在即将冰封的湖面上，远远望去，一团团圆滚滚的橙黄色十分显眼，惹人怜爱。初冬的雪从天而降，轻轻落在赤麻鸭的绒羽上，鸭群撑开双翅扑腾几下，随风而起，乘着这场风和雪终于离去。这可能是最后一批离开官厅水库湿地的候鸟。

12月底，湿地的水面完全消失，水在雪下和冰下静静流动。对于候鸟中的水鸟来说，离开水的日子难以为继。你瞧，就连湿地中分布广泛的小䴘也不见了踪影，它们可能飞往官厅水库湿地周边那些仍有水面的地方，开始冬天的生活。

华北平原上漫长的冬季开始了。草木凋零，冰封全境，官厅水库湿地成了黄、白、蓝的纯净世界——枯黄的植被，纯白的冰雪和湛蓝的天空。单调的日子将持续3个多月，直到第一只候鸟从南方捎来春的讯息。

官厅水库湿地的冬天
漫长、寒冷而寂静。
来自北方的风吹过冰封的湖面，
激不起半点动静，
只是偶尔会在吹过人类破开的
冰窟窿口时，发出"呜呜"的微鸣。

冬之章　湿地驿站静悄悄

97

雪地留守者

雪隔开的是两个世界。

雪之上,天寒地冻,万物蛰伏,麻雀顶着严寒出来觅食,以获取足够的食物产生能量御寒,度过湿地的严冬。隐秘的芦苇丛除了提供食物,还是它们躲避猛禽等天敌的藏身之处。

雪之下,静谧而安逸。那些在秋天囤好过冬食物的小动物,比如田鼠,此刻正躲在地表之下的家里。那里不但舒适,而且雪形成的天然防护网还减少了天敌的威胁。而生性怕冷的青蛙,早已进入冬眠。

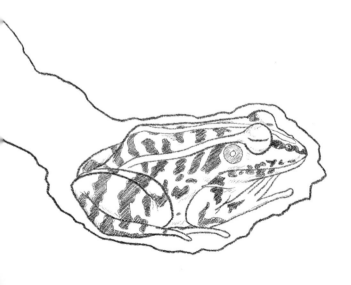

冬之章 湿地驿站静悄悄

冬之章　湿地驿站静悄悄

看不见的湿地

　　这是没有候鸟的候鸟驿站。大雪簌簌,被压折的枯枝和苇草,"咯吱"一声掉落雪地。官厅水库湿地像只大口袋,被西北狂风吹得鼓胀,狂风将雪片裹起,在空中飞旋,飘降,四散开来。

　　冰雪覆盖的世界里,湖边风车屹立,提醒着我们脚下就是湿地。在看不见的脚下,湿地正在积蓄力量。植物的种子埋入地下,它们外面包裹的果壳会帮助种子抵御寒冷,并提供来年春天破土而出的营养;湖面上厚厚的冰层也隔绝了寒冷的渗入;水下的世界中,鱼、虾日渐长大肥硕……无数生命在安静的外表下准备着,它们只是暂时被严寒封冻,但生命力并未消失。

　　　　　　　　　　巨大的风车桨叶随风不停打转,
　　　　　　　　　　迎接一场又一场的寒潮。
　　　　　　　　　　当风向转变时,
　　　　　　　　　　南方的候鸟将乘着暖风再度来临。

冬之章　湿地驿站静悄悄

冬之章　湿地驿站静悄悄

护鸟的湿地人

　　一行大衣紧裹的队伍行走在风雪中。他们来自官厅水库国家湿地公园，正在进行冬日湿地的野外巡护和监测。这是他们的冬季日常，风雪越紧，他们的心被揪得越紧。打击盗猎野生动物的行为，并寻找那些因体力消耗过大而掉队的候鸟，是他们冬季巡护最主要的任务之一。

　　护鸟的湿地人，一年四季都活跃在官厅水库湿地上。保护候鸟的很多工作，都发生在平时看不到的地方：疏浚河道和库岸、建设大大小小的湿地水泡*，从而为夏季到来的候鸟提供适宜的栖息地；野生鸟类的日常救护，极端天气下的科学投喂，鸟类栖息地的定期巡护，一年四季的候鸟调查和记录，湿地周边社区的反盗猎宣传，秋冬季节的防火工作通告，都是湿地生态保护工作的常态。

* 湿地水泡是指在湿地上开挖的人工坑塘，通过收集雨水或水渠连通的方式形成不同水深的坑塘。在这些坑塘中栽种水生植物，净化水质的同时也为鸟类营造了栖息地。

这其中还有各种非政府组织与志愿者的身影。
官厅水库湿地辽阔的土地上，
南来北往的候鸟能够在此停歇，
离不开无数护鸟的湿地人的付出。

了不起的候鸟驿站 —— 官厅水库湿地探索手册

互动游戏

巡护员在哪里

哪里出现了问题,湿地的巡护员就要快速地前往响应。即便是冬日,官厅水库湿地的巡护员也顶着严寒早早地出发了。根据巡护员的日志和插画提示,将巡护工作的序号填到地图上对应的位置,了解巡护员的冬日护鸟之旅。

● 鱼塘　● 河流
● 农田　● 湖泊
● 浅滩

① 8:00
"带着望远镜和相机等装备,我从永定河边的湿地监测中心出发了。"

② 9:00
"在水库南岸的农田,灰鹤们的觅食情况正常,共记录到约800只灰鹤。"

冬之章　湿地驿站静悄悄

③ 11:00

"水库中部的冰面上，出现了一群即将飞走的赤麻鸭，数量约200只。"

④ 15:00

"在水库北岸的村庄，向村民宣传了冬季农田和森林防火的重要性。"

⑤ 17:00

"离开村庄时，在水库东边与野鸭湖的交界处，意外发现一只受伤的红隼，已联系野生动物保护站前来救助。"

尾声
湿地，
约定之地

远行的使命已历经千古，
它远比这片湿地古老。
在候鸟眼中，
这里变迁不断，
从海洋到陆地，
从山峦到湖泊，
从城市到湿地，
而它们与这片土地的约定，
将一直延续……

危险重重的旅途

官厅水库湿地四季的候鸟故事讲完了,四季的飞行故事,也是候鸟一生的故事。每一次飞行,它们与千千万万的湿地相遇;每一次相遇,背后都历经了无数次的生死博弈。而湿地,就像候鸟跨越迁徙途中数不尽的障碍的"跳板",不管是一片滩涂、一处湖泊,还是一条河流,都是它们经过无数次选择和适应的结果。官厅水库湿地,就是这样一处被选择的结果。在人类来到这片湿地生活之前,鸟类这些远比人类古老的生命,已在这上空来来往往千万年,当它们决定飞落此处,便开始了与这个驿站的相遇。

在进入到鸟类迁徙这个难以想象的世界后,我们往往惊叹于这些奇迹般的飞行故事,却很少知道这些故事背后的艰辛和凶险。艰辛和凶险除了自然因素,很多还与人类的行为密切相关。

官厅水库湿地所在的东亚—澳大利西亚候鸟迁飞区,是全球9大迁飞区中鸟类面临威胁最大的迁飞区之一。迁飞区覆盖经济快速发展的东亚地区,不少地区面临湿地过度开发、鸟类栖息地被破坏和环境污染等问题。根据东亚—澳大利西亚迁飞区伙伴协定组织的调查,在东亚—澳大利西亚候鸟迁飞区迁徙的210种水鸟中,有36种被列为受威胁鸟种,19种被列为近危鸟种。也许,在未来的某个时间,一些候鸟将永远从飞行的队伍中消失。

尾声 湿地，约定之地

一只候鸟在长达几千千米的飞行过程中，
究竟会遇到哪些威胁？
我们大致列举了以下情况。
实际上，危险从来不是提前设定的，
而是充满随机性和偶然性。

灯塔的光

海上的建筑物

城市的建筑物

恶劣的天气

透明的玻璃

栖息地的破坏

捕鸟者的威胁

候鸟见证湿地变迁

在永定河和官厅水库形成之前,候鸟已在这片土地上空南来北往千万年。它们以及它们的世世代代,见证着远古以来这片土地的变迁——从时间的尺度上,这种变迁谈得上是"巨变",由海而陆、山脉隆起、河汇成湖、河道贯通,而后人类到来,由聚落而城市,由城市而水库,直至官厅水库湿地的形成。候鸟也见证着居住在这里的人类的喜、怒、哀、乐——他们经历着和平、战争、洪涝、饥饿、富足、丰收……光阴交替,兴衰不断,这里的湿地在大、小、有、无之间变迁,但这片土地对迁徙候鸟的守护始终不变。这种守护也随着土地变迁和鸟类的进化,渐渐成为一种约定。

尾声 湿地，约定之地

约500万年前……

地壳运动在这里形成巨大的盆地，河流汇入后，宽广的湖泊诞生了。

约600年前……

一座规模宏大的驿站（鸡鸣驿）在燕山脚下建立起来，城内商店和民居林立。

今天……

官厅水库国家湿地公园设立，永定河和水库等区域的湿地受到严格保护，候鸟数量持续增加。

在高山和都市间共生

或许你还未去过官厅水库湿地，在阅读完这本书之后，现在你对那里有什么印象？荒野、农田、河流、水库、山脉、候鸟……还有吗？也许还应该有一个关键词——距离。想象一下，从北京这座特大城市驱车100多千米，迎面便是波澜壮阔的候鸟迁飞景象，这似乎与我们对大自然的普遍理解不同——大自然和野生动物竟然与大城市如此接近，它们难道不应该隐藏在更加原始荒芜的地带吗？

答案显然是否定的，东亚—澳大利西亚候鸟迁飞区就是一个典型的例子。它跨越的区域分布着数不尽的城市、乡村、建筑、工厂等人类社会生活的产物，还有全世界最密集的人口。回到我们这本书的场地——官厅水库湿地，它处在中国三大城市群之一的京津冀城市群，这里人口密集，经济发达，自然和环境所面临的破坏也更加严峻。但候鸟仍年年如期而至，仿佛这是与人类、与湿地的一项约定。

这看起来和迁徙本身的行为一样如同奇迹。但它又不是奇迹，因为这样的行为和约定已历经千古，永恒但又十分日常，这样的日常恰恰带给了我们新的思考和启示——如何与鸟类、湿地和大自然共生，以维持这种日常至真正的永恒？

尾声 湿地，约定之地

参考文献

陈艳.以雁形目为主,探讨东亚—澳大利西亚路线迁徙水鸟的潜在胁迫因素.合肥:中国科学技术大学, 2015.
陈卫, 胡东, 付必谦, 等.北京湿地生物多样性研究.北京: 科学出版社, 2007.
河北省怀来县地方志编纂委员会.怀来县志.北京: 中国对外翻译出版公司, 2001.
刘阳, 陈水华.中国鸟类观察手册.长沙: 湖南科学技术出版社, 2021.
马志军, 陈水华.中国海洋与湿地鸟类.长沙: 湖南科学技术出版社, 2018.
尹钧科, 吴文涛.永定河与北京.北京: 北京出版社, 2018.
郑光美.中国鸟类分类与分布名录.3版.北京: 科学出版社, 2017.
自然之友野鸟会.常见野鸟图鉴——北京地区(自然之友书系).北京: 机械工业出版社, 2014.